石油能源
科普丛书 3

跨越千山万水的
奇幻之旅

油气的储存与运输

总主编 郝 芳 分册主编 刘 刚

中国石油大学出版社
CHINA UNIVERSITY OF PETROLEUM PRESS

山东·青岛

图书在版编目（CIP）数据

跨越千山万水的奇幻之旅：油气的储存与运输／郝
芳总主编;刘刚分册主编 . -- 青岛：中国石油大学出
版社,2023.9

ISBN 978-7-5636-8007-8

Ⅰ. ①跨…　Ⅱ. ①郝…②刘…　Ⅲ. ①石油与天然气
储运—普及读物　Ⅳ. ① TE8-49

中国国家版本馆 CIP 数据核字（2023）第 169765 号

书　　名：跨越千山万水的奇幻之旅：油气的储存与运输
　　　　　KUAYUE QIANSHAN-WANSHUI DE QIHUAN ZHI LÜ：YOUQI DE CHUCUN YU YUNSHU

总 主 编：郝　芳
分册主编：刘　刚

责任编辑：吴百慧　孙业超（电话　0532-86983563）
封面设计：郭　飞　孙峰花

出 版 者：中国石油大学出版社
　　　　　（地址：山东省青岛市黄岛区长江西路 66 号　邮编：266580）

网　　址：http://cbs.upc.edu.cn
电子邮箱：jichujiaoyu0532@163.com
排 版 者：青岛友一广告传媒有限公司
插画设计：青岛中石云创信息技术有限公司
印 刷 者：山东顺心文化发展有限公司
发 行 者：中国石油大学出版社（电话　0532-86983437）
开　　本：710 mm×1 000 mm　1/16
印　　张：6.5
字　　数：100 千字
版 印 次：2023 年 9 月第 1 版　2023 年 9 月第 1 次印刷
书　　号：ISBN 978-7-5636-8007-8
定　　价：68.00 元

— 致读者 —

尊敬的读者：

当翻开这套"石油能源科普丛书"的时候，你已经开启了对石油能源科学的探索之旅。

当今世界，能源问题已成为全球关注的焦点。石油作为推动世界经济发展的主要能源，关系到国家的能源安全和经济繁荣。在当今能源转型的时代，了解石油能源的科学原理和相关技术，不仅能为推动我国的科技进步和经济发展做出贡献，还有助于我们正确应对能源领域的机遇与挑战。

石油，这种黑色的液体，自被人类发现并利用以来，一直在能源领域占据着主导地位。然而，关于石油的形成、开采和使用，许多人并不了解。这套丛书旨在向广大读者传播石油能源科学的基础知识，加深读者对石油能源领域的理解，传递正确的能源观念，同时也为石油工业的可持续发展和进步做出贡献。

这套丛书通过丰富的插图和生动的语言，从能源的起源说起，探索人类的能源利用史，讲述石油的诞生与发现、钻探与开采、储存与运输、炼化与应用，并介绍新能源的发展与变革。通过这套丛书，广大读者将提高对石油科技的认知，充分认识到石油在能源体系中的重要地位，以及石油对国民经济和我们日常生活的重大影响。

作为新中国第一所石油高等院校,我校不仅培养了大量的石油科技人才,也拥有丰富的科普资源。以科普的形式普及石油能源知识,推动科普事业发展,提高全民科学素养是我校使命的延伸。希望这套丛书能够为广大读者打开一扇了解石油能源科学的大门,激发读者对该领域的兴趣和好奇心;也希望这套丛书能够让广大读者认识到石油能源科学的重要性和挑战性,从而更好地投入石油能源领域的学习和研究中。

最后,感谢为这套丛书付出辛勤努力的所有编者。他们的专业知识和丰富经验为这套丛书的出版奠定了坚实的基础。同时,感谢广大读者对这套丛书的关注和支持,希望你们能够在阅读中获得启示和收获。衷心希望这套"石油能源科普丛书"能为普及石油能源科学知识、推动科技进步和经济发展做出贡献。

中国科学院院士
中国石油大学(华东)校长

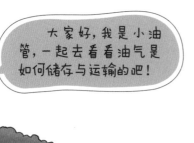

大家好，我是小油管，一起去看看油气是如何储存与运输的吧！

目录

一

油气工业的最强纽带

——油气储运系统

1 什么是油气储运系统

在漆黑一片的地下世界沉睡了上亿年之久，那些曾经的地球上的古老居民——恐龙、浮游生物、古植被等终于得以"重见天日"。现在，它们已经不再是以前的模样，而是完成了华丽蜕变，化身为石油和天然气，以全新的面貌回到了曾经居住过的地面世界。

但是在真正成为"有用之才"之前，它们将会体验到一段奇妙的旅程，历经"九九八十一"次考验，最终走入我们的日常生活。

刚刚从几千米深的油气井中探出脑袋，这些石油和天然气还是一副灰头土脸的模样。它们首先要好好"梳妆打扮"一番，把身上那些脏兮兮的杂质清理干净。随后，就乘上专属的"交通工具"，开启一场跨越千山万水的长途旅行。

世界那么大，我们要出去看看啦！

对于原油来说，它们将离开油田"老家"，历经长途跋涉，最终抵达炼化厂，在这里进一步脱胎换骨，变身为成品油以及各式各样的化工材料。而对于天然气来说，它们也将翻山越岭，进入工厂或人们的厨房，深度参与人们的生产和生活。

油气储运，顾名思义，就是指石油和天然气的储存与运输。纵观整个油气工业系统，能够将各个相对独立的生产加工环节连接在一起，起到桥梁和纽带作用的，就是油气的储运系统，将其称为油气工业的"最强纽带"，毫不夸张。

2 油气储运系统的重要性

　　油气储运系统是我国工业体系不可或缺的组成部分,包括矿场油气集输、长距离油气运输,也包括在各转运枢纽、终点油库和配气站,以及炼化厂内部的油气储运。

　　在流程上,它将整个油气工业联结为一个统一的整体,默默无闻地、源源不断地输送着"工业血液",保障现代工业体系的高速运转。

　　打造高效、可靠的油气储运系统,对于保障国家能源安全和国民经济稳定健康发展具有十分重要的作用。

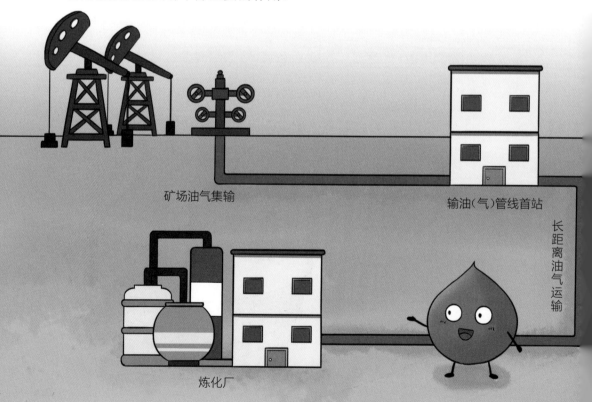

矿场油气集输

输油(气)管线首站

长距离油气运输

炼化厂

我国各地区油气资源分布十分不均衡,总体上呈现出西部地区多、东部地区少的特点。

但是,我国油气资源的主要消费地却集中于东部经济发展水平较高的地区,和资源产地之间相距甚远。西部地区资源太多,"吃不完";东部地区资源匮乏,"不够吃"。东西地区存在明显的供需矛盾。

因此,要想促进区域经济均衡、协调发展,必须在全国范围内打造完善的油气储运系统,把丰富的油气资源运输到真正需要它们的地方。

·小贴士·

根据自然资源部发布的《中国矿产资源报告(2022)》,我国石油资源储量最多的省份是新疆,其次是甘肃、陕西、黑龙江;天然气储量最多的省份是四川,其次是陕西、新疆。

有了完善的油气储运系统,我们就能让储存在地下的油气资源在不同地区之间流动起来。

西部地区

东部地区

不仅是我国,世界其他地区油气资源分布也十分不均衡,资源储量主要集中在中东、美洲及俄罗斯等国家和地区,主要资源国如沙特阿拉伯、委内瑞拉、加拿大等,其油气储量占据全球油气储量的六成以上。为了缓解油气供需矛盾,多年来,世界各大石油公司为建设油气储运工程投入了巨大力量。而我国为了保障从海外进口油气资源的渠道畅通,也历时多年打造了联通海内外的油气储运体系。

放眼全球,随着工程设施建设不断完善,一张张由钢铁铸成的油气资源输配大网已经在地球上织就成型。

了解了上一节介绍的基本信息后,现在,你一定急切地想知道油气储运到底是怎样开展的吧?接下来,就让我们一起来看看吧!

打造一座油气田不仅要建设油气开发设施,进行钻井开采,还需要建设一系列复杂的地面工程设施,用于辅助油气生产。而这些地面工程设施中最核心的,当属矿场油气集输系统。

矿场油气集输是指把各分散油井所生产的油气集中起来,对油气进行必要的初加工处理,使之成为合格的原油和天然气,再分别送往输油管线首站或输气管线首站的全部工艺过程。

> 原来,油田不仅有"磕头机"这样的开发设施,还有这么多"大家伙",都是为了守护我。

矿场油气集输是油气资源来到地面之后要经历的首个关键环节。如果说钻采作业是为油气田挖掘"原料",那么,矿场油气集输所承担的任务则是将这些原料加工处理为"合格的商品"。

油气产量知多少

矿场油气集输系统是如何使油气实现从"原料"到"商品"的转变的呢？

对于一口油井来说，它的产出物是一种复杂的混合物，其中既有原油，又有伴生的天然气和水，水中还含有泥沙和一些盐类杂质。它们从油井中一起涌出之后，首先需要来到计量间进行产量测定。

我们都得来计量间走一趟。

一座油田中分布着很多油井，这些油井的产量有大有小。要想掌握这些油井的产量情况，就需要进行计量。这是分析储层变化、制订科学开发方案的重要依据。石油工人们掌握了这些产量数据，也就获得了监测油气藏开发动态的第一手资料。

·小贴士·

为了提高计量效率，现在的油田普遍采用多井计量的方法，大约10口油井配置一套计量装置。但如果一口油井产量较高，且与其他油井距离较远，那么也可以采用单井计量的方法。

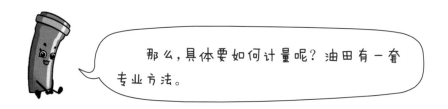

那么,具体要如何计量呢?油田有一套专业方法。

传统的计量方法,即分离计量法需要利用分离器,先将产出物大致分成油、水、气三相,再利用流量计,分别计量产油量、产水量和产气量。

这种方法原理很简单,但由于此时的分离器只能进行初步分离,计量结果误差较大,且计量过程非常烦琐、计量设施体积庞大,因此逐渐被一种技术含量更高的计量方法替代,即多相流量法。

用多相流量法计量时,管线中的多相流体无须分离,工人们通过检测油、气、水三相的流速,以及不同截面上的含气率、含水率等参数,运用流量计算系统进行运算,即可获得多相流中各相的流量。

这是分离计量法。

这是多相流量法。

2 为石油去除杂质

接下来,这些混合物会被运输到集中处理站,在这里统一进行分离、净化。

可以采用的分离方法多种多样,其中最常用的就是重力沉降法,需要用到的设备是三相分离器。

混合物经过三相分离器入口位置的分流器时,就会被大致分为气、液两相。

液体将进入集液池,由于水和油之间存在密度差,因此只需要停留一段时间,密度更大的水就会逐渐沉降到底部,油则会浮于上方,实现油水分层。而液体中携带的气泡也会逐渐上升,最终变为气相。

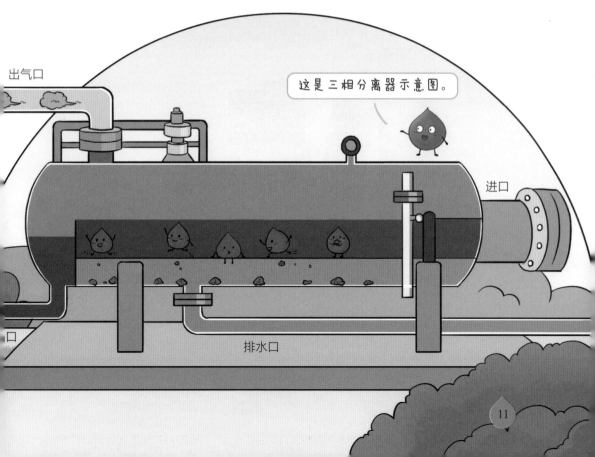

出气口

这是三相分离器示意图。

进口

排水口

但是,仅仅依靠重力沉降原理,是无法把原油中所含的水分全部分离出去的。这是因为原油里面含有一些乳化水,它们十分"顽固",想要对付它们,还需要一些其他的手段。

比如,可以采用热化学脱水法,即对原油进行加热,并注入特制的化学破乳剂,打破乳状液的稳定性,使油水分离。这种脱水方法工艺简单,效果较为显著,因此在油田得到了广泛应用。

如果含水率仍不达标,还可以采用电脱水法,即将乳状液置于电场中,借助电场的作用,促使水滴碰撞,聚集为较大的水滴,进而实现沉降分离。

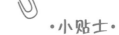

·小贴士·

原油中的水可以分为两种:一种是游离水,通过重力沉降就能分离出来;另一种是乳化水,以极微小的液滴分散于原油中,分离难度较大。

由于不同油田的原油含水率不同,原油中水的类型也不同,因此脱水工艺也有多种类型。现在,随着技术的进步,原油的脱水工艺也在不断改进,以达到更好的脱水效果。

热化学脱水法

电脱水法

3 从"活力四射"到"老成持重"

经过层层净化的原油相当于洗了一个干净的澡,那现在是不是就大功告成了呢?还不够!此时的原油中还悄悄躲藏着一些"躁动不安"的成员,那就是轻组分。

所谓轻组分,就是原油中那些相对分子质量较小、易挥发的组分。它们极为不稳定,如果不加处理,一旦储油罐温度升高,就会从原油中蒸发溢出,不仅造成资源浪费和环境污染,还暗藏安全隐患。

因此,在将原油装入储油罐之前,还有十分重要的一步,那就是使原油稳定,即通过降低压力、提高温度等操作,把原油中的那些轻组分脱除,以降低原油进入储油罐后的蒸发损耗,提高原油储运的安全性。

分离出的轻组分也要收集起来,加以利用哟!

我们就是轻组分!

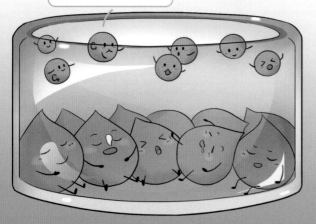

·小贴士·

对于"轻组分"这个名字,你可能觉得很陌生。你也许会好奇,它们到底是什么东西呢?实际上,它们就是一些甲烷、乙烷、丙烷、丁烷等气体。换句话说,它们就是溶解在原油中的天然气组分。把它们回收起来,作为清洁燃料由石化企业提供给工厂和民众,可以达到合理利用油气资源、提高经济效益的目的。

至此，原油的加工处理终于告一段落，"成熟稳重"的原油就此诞生了！

来自各个采油井的原油全部汇聚到原油库，犹如河流汇入湖泊一般，在这里储存起来，等待向外运输。

原油库是什么样的呢？它们由高强度的钢材建造而成，为了满足原油的储存和运输需要，往往容量非常大，周转频率也非常高。随着技术的发展，现在一些原油库还具备了智能化处理能力，可谓科技含量满满。例如，由于不同区块的原油品质有所不同，现在一些新建的智能化原油库能够做到自动识别，在无人操作的情况下，实现不同油品的分质、分储、分输。

看！这就是原油库。经过一系列处理后的原油都会被统一装进这些大大的"仓库"里。

石油的亲密"伙伴"

采油井的产物中不仅含有原油,还有它们亲密的"伙伴"——伴生天然气。一口油井中的伴生天然气产量可能并不算高,但也是可以加以利用的资源。

通过上述介绍,我们可以看出,整个油气集输过程中能分离出很多气体。出于节约资源和保护环境的目的,现在人们越来越重视对它们进行回收。这些气体是复杂的混合物,需要统一处理,负责这项工作的主要是气体处理厂。

伴生天然气被汇集到气体处理厂之后,其中的水蒸气以及二氧化碳、硫化氢等杂质就会被分离出来。此外,还会分离出一些凝液,这些凝液也会被回收。经过一系列工艺流程,在质量达标后,这些伴生天然气就能和原油一样,成为合格的油田"商品"了。

·小贴士·

天然气中除了主要成分甲烷之外,还有其他烃类组分。而天然气凝液就是从天然气中回收的液态烃类混合物,一般包括乙烷、液化石油气和稳定轻烃成分。

天然气好兄弟,你别走!

污水也有完美的归宿

此外，油田开发还会产生大量含油污水，为了保护油田和周边地区的自然环境，必须做好环保净化，绝对不能直接将污水排放到大自然中。

污水处理不仅可以采用过滤、重力沉降、活性炭吸附等物理方法，还可以采用化学氧化和还原法，以及利用微生物的生物治理法。

处理完成后，这些水资源将去向何处呢？它们有一个完美的归宿——地层。由于石油开发本身就需要向地层中注水，因此，石油工人们会将它们重新注回地层之中。这样既保护了生态环境，又节约了石油开发耗费的水资源。

将含油污水注回地层

4 天然气的集输流程

除了采油井外，还有采气井。那么，采气井的集输工作又是怎样开展的呢？它们和采油井有很多相似之处，但也有所不同。

天然气刚刚从采气井中采出时，含有一些液体杂质，如水、液烃，以及一些固体杂质，如岩屑等。它们会磨蚀油气田的生产设施，堵塞集输管道，进而影响生产进度。刚采集的天然气需要进行脱水处理，并分离出杂质。

我们是天然气杂质！

对天然气进行加工处理的第一个场所是井场，位于采气井附近。采气井井口压力很大，因此天然气需经节流降压后才能进入集输系统。井场装置就具备这项功能，既可以调控输送压力，又可以调控采气井产量。

井场装置还具有防止天然气水合物生成的作用。天然气水合物,即可燃冰,是含水天然气在较高的压力和较低的温度条件下形成的白色结晶固体,外观像冰,是威胁管道安全的重要因素,可能导致管道堵塞事故发生。工人们可以利用加热炉加热,也可以向天然气中注入抑制剂,以防止生成可燃冰。

随后,天然气被输送到集气站,在这里进行进一步的分离净化。

在讲述采油井时,我们曾介绍过一种油、气、水三相分离装置,现在它又能派上用场了。分离出的天然气经过计量后进入管输系统,石油和水也将进入各自的管输系统。

这是井场、集气站至管输系统的流程图。

井场

集气站

管输系统

天然气的深度净化

此时,如果天然气中还含有大量的硫化氢(H_2S)、二氧化碳(CO_2)、硫化羰(COS)等酸性气体,超出管道运输的允许标准,那么,它们还需要在天然气处理厂进行深度净化。否则这些酸性气体会加剧对管道运输设施的腐蚀,若排入大气中,还会造成环境污染,危害人体健康。

从天然气中脱除酸性组分的过程被称为天然气脱硫、脱碳或脱酸气。脱硫的方法十分多样,例如,可以采用碱性溶液作为吸收溶剂,通过与酸性组分发生化学反应,生成某种化合物,从而把酸性组分分离出来。

·小贴士·

硫化氢(H_2S)是一种无色、有剧毒的酸性气体,与空气混合后遇明火、高热会引起燃烧、爆炸。

二氧化碳(CO_2)本身没有毒性,但如果含量过高,会降低天然气的热值。

硫化羰(COS),又称氧硫化碳,通常状态下为无色、有臭鸡蛋气味的气体,易燃,有毒。

去除掉酸性气体的天然气是不是可以踏上新的旅途了呢?

在经过层层处理之后，这些来自地层深处的油气资源宝藏终于达到了合格产品的质量标准。它们所含有的杂质绝大部分被清理了出去，已经能够满足长途运输的要求。

现在，原油被暂时储存在储油库里，天然气则来到了配气站，等待开启一场属于它们的长途旅行。

·小贴士·

油气在向外运输之前需要进行计量，始发站和接收站以此为依据，才能做好交接。储油库设有专门从事外输计量工作的外输计量站，配气站则有调压计量设施。

储油库和配气站是油气长输的第一站。

好期待即将开始的长途旅行呀

三

钢铁长龙

——长距离输油管道

输油管道

石油运输方式大比拼

对于陆上油田来说,原油的运输方式有很多种,包括公路运输、铁路运输和管道运输。那么,这些运输方式各有什么优缺点?又该如何选择呢?

首先,最为灵活的当属公路运输了,但它的运输量最小,只适用于短途运输,一辆小型油罐车的运输量只有几吨,大型油罐车也只能装载几十吨。

其次是铁路运输,运输量较大,每节车厢能运输近 60 吨,一列火车可以运载 60 节车厢,因此一列火车可运载原油近 3 600 吨。

而运输量最大的就是管道运输了,它可以不间断地输送石油,一条石油管道的年运输量高达上千万吨。

我们可以通过一组数据更直观地感受三者运输量上的差距。

以胜利油田为例，2022年，胜利油田全年生产原油2 340.25万吨，如果全部使用公路运输，按每辆车运35吨算，需要约67万辆油罐车；如果全部使用铁路运输，按每列火车运3 600吨算，需要约6 500列火车。

面对全国大大小小的油田以及高达2亿吨的国内原油年产量，如果仅靠汽车和火车来运输，那么届时全国的公路和铁路上都将塞满了车辆，对于交通运输系统来说显然是无法承受的负担。

这可怎么办呢？管道运输就能解决这一问题。只需要铺设一条管道，在一年之内，它就可以把整个胜利油田产出的石油全部运输出去。

此外，管道运输还有多种优点：首先，由于管道铺设在地下，不需要占用地面空间，因此大大节约了土地资源；其次，管道运输不会受到恶劣天气的影响，即便遇到暴雨天气或者冬季道路结冰、大雪封山等情形也能正常运行。

1 如何铺设一条石油运输管道

既然管道运输有这么多优点,那么,就抓紧时间铺设石油运输管道吧!

"磨刀不误砍柴工",要铺设石油运输管道,首先要进行的当然是管道的规划设计工作。在进行规划设计时,要确保管道既能达到油气输送的要求,又能兼顾经济、社会及生态效益。

对线路走向进行规划时,要遵循以下几个基本原则:

首先是避让原则,要避开一些环境敏感区域,如风景名胜区、自然保护区等,还要避开滑坡、泥石流等地质灾害频发区域。途经经济较发达地区时也要注意避让,不能直接穿过城市中心或工业园。

其次是尽可能取直原则,管道的线路总长度要尽可能短。

此外,还有节能环保原则,要尽可能减少对自然环境的影响,并尽量利用沿途已有的公共基础设施,如道路设施和供水、供电设施等,减少不必要的资源消耗和浪费。

钢材界的"高精尖"选手

一系列前期规划和准备工作完成后,就要开始正式施工了!

长距离输油管道主要有两大结构:一是管道线路,由一节节钢管焊接而成;二是中途的输油站,起到加压、加热等辅助运输的作用。

要想保障石油运输的安全性,必须选用高强度、高韧性的管线钢材,这样才能抵抗运输过程中产生的高压并使管道长期稳定运行。与"傻大粗"的普通钢材不同,管线钢是真正的"高精尖"选手,对金属材质和冶炼工艺的要求都十分严苛。

近年来,一系列重大管道工程建设促进了管线钢技术的不断进步,从低强度级别迅速发展到 X70、X80 等高强度级别,并在全国得到了广泛应用。此外,还有 X90、X100 等更高强度级别的管线钢材料,其性能更为优异,现在也走向了试用推广阶段。

以后我的安全就靠你们管线钢了!

放心吧!

用于石油运输的每根大口径钢管的长度在 12 米左右,管径为 610～1 219 毫米。要将它们一节节全部焊接起来,是一项极为繁重的大工程。

人工焊接

钢管焊接质量如何直接决定着输油管道能否安全运行,随着技术的发展,如今的焊接施工一线推广普及了自动焊接装备。这些装备以计算机技术为基础,对焊接材料进行实时检测与控制,自动实施焊接作业,显著提高了焊接效率,保障了焊接质量,也降低了工人的劳动强度。

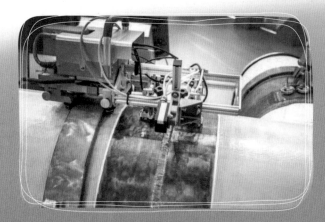

自动焊接

另外,焊接完成后,要对管道接口处的防腐层进行修补,并全面做好管道质量检查,确保其安全运行。

　　长距离输油管道一般采用埋地铺设的方法。在地形较为平坦的地区，使用常见的挖掘机就可以进行施工。

　　工人们会用挖掘机挖出一条具有一定深度的管沟，并清除管沟内的石块等异物，防止其损害管道防腐层。随后用吊管机将焊接完成的管道下放至管沟底部。待管道顺利就位后，工人们再用颗粒较细的泥土回填管沟，并将地表恢复至施工前的样子。这样一来，铺设工作就基本完成了。

　　在我国广阔的大地上，不仅有平原，还有险峻的大山和奔腾的江河，修建输油管道时不可避免地会遇到山川河流。在这些地貌特征十分复杂的地带，使用挖掘机开挖不仅十分困难，还会破坏地表环境，这时该怎么办呢？

　　这时候就需要根据不同区域的地形特征，因地制宜地采取相应的施工方案。例如，在峡谷断裂带无法埋地铺设时，就可以凌空架起管桥，让管道从其上空跨越而过。

2 钢铁"穿山甲"

修建输油管道时,如果遇到山体和江河,往往采用定向钻穿越或盾构隧道穿越的方法。它们犹如钢铁"穿山甲"一般,能够以强大的威力破开岩石、砂土,横贯山体、河床,带着输油管道勇往直前,所向披靡。

先来看定向钻穿越,其使用的工具是水平定向钻机。

在施工前,工人们需要对地下环境进行勘查,规划好穿越路线,尽量避开障碍物。施工过程主要分为两个阶段:首先,需要按照设计曲线钻导向孔;其次,对导向孔进行扩孔,并将管道沿着扩大了的导向孔回拖。如此即可完成输油管道的定向钻穿越工作。

定向钻穿越采用非开挖施工,因此在穿越公路、铁路时,可不阻断交通;穿越河流时,可保证河流畅通,不影响通航。

太厉害啦!

28

你们好呀,看我这定向钻头怎么样呀?

我们在乘坐火车的时候,如果前方遇到了山体,火车往往会穿越一条长长的隧道。

隧道工程是一种修建在地层内,一端设有入口,另一端设有出口,可供车辆、行人进出的通道,而铺设输油管道也可以采用类似的方法。这时候用到的是盾构机这种大型的专业设备。

那么,盾构机是如何工作的呢?

盾构机的头部安装了巨大的刀盘结构,犹如铁齿铜牙一般,在旋转中向前推进,将坚硬的石块、土体"嚼碎"。盾构机还自带环片安装机,用于组装环片,在向前掘进的同时,每推进一段距离就能形成一圈隧道壁。盾构机的尾部安装了排土装置,能够将刀盘切削下来的泥土和石块运送到传送机,而后再由运渣车运出隧道。

·小贴士·

目前,我国研制的最大直径的盾构机为"京华号",其最大开挖直径达 16.07 米,整机长达 150 米。

盾构机大哥来了,快跑啊!

3 让石油流动起来

　　这些用钢铁铸成的输油管道犹如一条条"地下高速路",给石油提供了运输的通道,但石油无法在其中自行流动,想"奔跑"起来,还需要推动力加持,而这股力量就来源于输油站。

　　在绵延数千千米的石油运输线路上,每间隔一段距离,就建有一座输油站。输油站里安装了离心泵,犹如管线上一颗颗跳动的"心脏",为远道而来的石油注入动力。"精疲力尽"的石油每当流经这里,就能甩掉"一身疲惫",重新获得继续前行的力量。

·小贴士·

　　离心泵是如何工作的呢?它的原理其实很简单,其核心部件是由金属制成的可以高速旋转的叶轮。当离心泵启动时,叶轮迅速旋转,通过离心力来输送液体。

走了那么多路,感觉好疲惫,动弹不了了。

冲啊!

我们都知道,水在低温环境下会结冰,同样,石油也具有可凝固性。但二者凝固点不同,水到了 0 ℃以下才会变成固态,石油却在常温环境下都可能处于凝固状态。

因此,为了让石油在管道中顺利流动起来,还需要给它们加热,将油温维持在凝固点以上。这样可以降低石油的黏度,防止石油凝固而堵塞管道。这项工作依靠加热炉来实现。

·小贴士·

原油凝固点与原油中的重组分和轻组分的含量有关。轻组分含量高,则凝固点低;重组分含量高,尤其是石蜡的含量高,则凝固点高。原油的凝固点一般为 −50～35 ℃,凝固点高于 35 ℃且含蜡量大于 30% 的原油叫"高凝油"。有一种高凝油,即使在 67 ℃的高温下都维持着固体状态。

"千呼万唤始出来",在管道焊接、铺设、输油站建设等一系列工程全部完工之后,一条输油管道终于"闪亮登场",接下来就要进入运输阶段了!

虽然在人们的印象里,石油是黑乎乎、黏糊糊的样子,但是事实上,石油的种类是非常丰富的。即便是同一个油田,也会产出不同品质的原油。如果按密度分类,可分为轻质原油、中质原油、重质原油;如果按硫含量分类,可分为超低硫原油、低硫原油、含硫原油和高硫原油。原油炼化后的成品油更是多种多样,包括汽油、煤油、柴油以及其他燃料油。

那么,是否需要为每一种石油都专门修建一条管道呢?答案当然是否定的。为了提高运输效率,管道工人们往往采用顺序输送的运输工艺,即在同一条管道内,按照一定顺序,可以连续不断地输送多种油品。

·小贴士·

在顺序输送时,为了保证油品的质量,相邻两种油品需要性质相近。两种油品接触的地方将不可避免地产生一段混油,它们不会被浪费,而是被重新加工后降级使用,或者按照一定比例回掺到纯净油品中。

4 给石油管道穿上"防护服"

浩浩荡荡的石油运输工程终于按下了启动按钮,那现在就万事大吉了吗?当然不是!

石油具有危险性,在管道里也并不安分,如果泄漏,可能导致火灾、爆炸和环境污染,必须全程保驾护航,千方百计地确保其安全运行。

因此,为了保障运输过程的连续性和安全性,管道工人们采取了诸多举措。下面一起来看一看吧!

管道腐蚀、老化是最主要的事故原因之一,来自空气、土壤以及管道内部输送介质的腐蚀都可能对管道造成损伤。面对挑战,工人们为管道穿上了特制的"防护服",即在管道内外壁均添加了防腐蚀涂层,从而延缓管道的老化速度,延长管道的使用寿命。

由于石油是一种可燃物，因此在运输途中还有一个非常重要的问题需要注意，那就是防范静电危害。

石油本身并非纯净物，不可避免地含有一些杂质，且在运输过程中与管道不断摩擦，因此可能会产生静电，引发火花放电乃至火灾、爆炸危险，必须做好防范。

具体应该怎么做呢？

首先，限制流速是防止产生静电的首要举措，尤其是在收发转运阶段，更要注意减慢流速。通常情况下，石油在管道中的流动速度不宜超过3米/秒，一般为1～2米/秒。

其次，应对金属管道做好静电接地，长输管道始末端及分支处每隔一段距离就要接地一次，给产生的静电提供泄放通道，以免发生静电积聚。

　　为了保持流动性，需要对石油进行加热，但油温也不能过高，这是出于安全和环保的考量。

　　在我国东北地区有多年冻土分布，穿越其中的石油管道由于持续向周围冻土层放热，带来冻土融化沉降风险，对管道安全运行和生态环境都构成了威胁。因此，需要对流经冻土区域的油温进行合理调控。

　　此外，要想安全穿越冻土区域，还要采取一系列配套措施。例如，给管道"穿上"具有良好保温性能的材料，以将热源与地基部分隔离开来；还可以换填地基土壤，将管道周围易沉降的土壤换填为更加稳定的粗颗粒土，以减少管道对周围环境的影响。

对于石油温度的控制，需要综合考虑运输效率以及安全性、环保性等因素。

管道持续放热，冻土融化沉降

5 勤劳的"管道卫士"

当然,即便采取了前述措施,也不可能确保万无一失,所以还需要有一群专业的"管道卫士"——巡线工人。在漫长的管道沿线,他们翻山越岭,蹚水过河,顶着烈日,冒着严寒,默默守护着每一段石油管道。

可想而知,传统的人工巡检方式会耗费大量的人力与时间。随着技术的进步,人们开始利用无人机来完成这项工作,尤其是在一些地形复杂,存在安全隐患的区域。例如,在巡线工人难以抵达的山区、峡谷、沙漠,采用无人机既解放了人力,又大大提高了巡检效率。

飞行在管道上空的无人机全天候"侦察巡逻",织就了一张智能防护的"天网"。这就够了吗?还不够!

针对管道细小的裂缝以及其他破损或变形,人们研发了一种能够深入管道内部的机器人。它融合了计算机技术、机械设计制造技术、自动控制技术等多种技术,应用其自身携带的探测工具及操控装置,在狭长的管道中自主"行走",犹如做胃镜一般给管道做全面检查,精准定位安全隐患所在,并对管道进行缺陷修复以及杂物清理。

·小贴士·

随着技术的进步,未来管道机器人的科技含量将越来越高,能为管道运输提供"360°无死角"的安全保障。

这里有伤!

6 石油管道界的"金牌员工"

了解了这么多管道建设和运营维护的小知识,接下来就来认识几位石油管道界的"金牌员工"吧!

◎ 我国第一条长距离、大口径原油管道:大庆—抚顺原油管道

20 世纪 70 年代,大庆原油对外运输主要依靠火车,运力十分有限。为解决原油输出问题,我国于 1970 年决定建设东北输油管道工程——"八三"工程。从大庆至抚顺的庆抚线石油管道就是该工程的开端。庆抚线自大庆起,经吉林省,进入辽宁省,终于抚顺,全长 596.8 千米,其中管径 720 毫米的管线长 558.6 千米,于 1971 年 10 月正式开始输油。

"八三"工程管道建设期间牛车运管的场景

"八三"工程会战期间,施工人员手挖肩挑的场景

◎ 我国最长的输油管道：**西部原油成品油管道**

西部原油成品油管道是我国最长的输油管道，西起新疆乌鲁木齐，东至甘肃兰州，采用原油、成品油双管同沟敷设的方式，两条管道同期建设，并肩运行，犹如一对孪生兄弟。全线总长度近 4 000 千米，于 2007 年建成投运。

坐拥塔里木盆地、准噶尔盆地和吐哈盆地（吐鲁番-哈密盆地）三大含油气盆地的新疆，是我国重要的陆上能源生产基地，而在西部原油成品油管道投运前，出疆石油都要依靠铁路槽车运输。该管道为新疆石油拓宽了出疆渠道，是我国"西油东送"战略工程的重要组成部分。

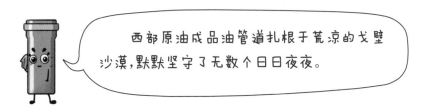

西部原油成品油管道扎根于荒凉的戈壁沙漠，默默坚守了无数个日日夜夜。

◎ 我国高差最大的输油管道：**兰成渝成品油管道**

兰成渝成品油管道起于兰州，止于重庆，途经陕西、四川，共跨越 4 个省市，全长约 1 250 千米。该管道沿线地质地貌复杂多变，是我国高差最大的输油管道，最大高差达 2 270 米，于 2002 年投产。

兰成渝成品油管道穿越戈壁滩

高差大会使运输压力频繁发生大幅度变化,导致流速和压力不稳定,给管道带来剧烈冲击,影响运输安全。面对高难度的管道运行工作,工人们在高差较大地段设置了减压站,并为波动剧烈的管段增加了管壁厚度,以提高承压能力。

　　兰成渝成品油管道是我国西南地区一条重要的能源动脉,为川渝地区的工业发展持续"输血",有效缓解了西南地区油品"不够吃"与西北地区油品"消化不了"的区域供需矛盾。

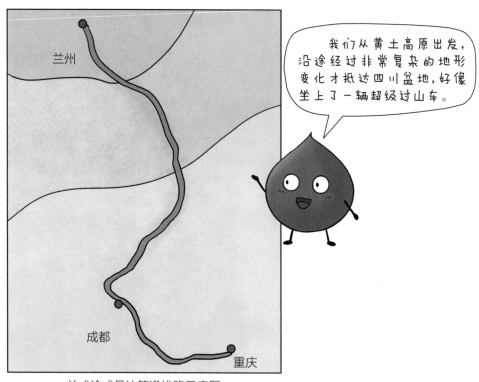

兰成渝成品油管道线路示意图

　　我国还有从国外进口原油的三大通道:

中哈原油管道

　　这是我国第一条经陆路进口原油的跨国管道,于 2006 年 5 月全线通油。该管道西起哈萨克斯坦阿特劳,东至中国境内阿拉山口,自 2010 年起,连续 13 年年输油量超过 1 000 万吨,截至 2022 年底,已累计输油超 1.6 亿吨。

中俄原油管道

中俄原油管道一线工程于 2011 年正式投运,年输送俄罗斯原油 1 500 万吨;二线工程于 2018 年建成投运,使中俄原油管道的年输油总量增至 3 000 万吨。

中缅原油管道

中缅原油管道于 2017 年正式投运,起于缅甸皎漂马德岛,进入中国的首站是云南瑞丽。截至 2022 年 7 月,已累计输油超 5 100 万吨。

中缅原油管道为我国油气进口在西南方向上开辟了一条重要的陆上通道,缓解了我国对马六甲海峡的依赖程度,降低了海上进口原油的风险。

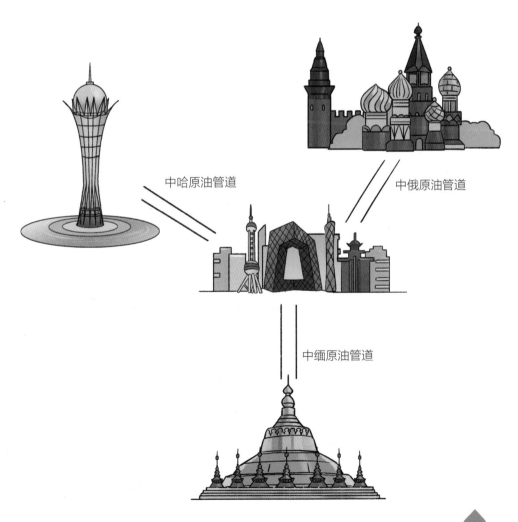

中哈原油管道

中俄原油管道

中缅原油管道

根据行业统计数据，截至 2022 年底，我国建成的长输原油管道总里程约为 2.8 万千米，成品油管道总里程约为 3.2 万千米。

石油管道工人们克服无数艰难险阻，挥洒青春与汗水，为我国打造出了发达的石油运输体系。

如今，在我国辽阔的大地上，一条条石油大动脉纵横交错，四通八达，穿越巍然耸立的高原大山、渺无人烟的沙漠戈壁、奔腾不息的大江大河……源源不断地将工业原料运往全国各地。

我们在享受石油资源带来的便利的同时，也不能忘记辛勤劳动的管道工人哟！

前面讲的都是关于石油运输的相关内容,我国每年还有约 2 000 亿立方米的天然气产量,它们又是怎么运输的呢?

天然气在常温下是气体,但也可以加工为液体,相应地就可以用不同的运输方式来运输。

气态天然气可以用管道运输,经加压处理后的压缩天然气(CNG)可以装入高强度储罐,使用汽车运输。

在 −162 ℃的低温环境下,天然气将变成液态,这时则可以使用专门的液化天然气(LNG)运输船舶或运输槽车,进行水路或公路运输。

·小贴士·

CNG 和 LNG 各自能把天然气压缩多少呢? CNG 的压缩比例一般为 1∶200,也就是说,1 立方米的 CNG 解压后能变成 200 立方米的天然气。LNG 的压缩比例则在 1∶600 左右,一般来说,1 立方米的 LNG 可气化为 600～625 立方米的天然气。

陆上大规模管道运输是天然气最为经济高效的输送方式，天然气管道与石油管道有很多相似之处，但也有所不同，接下来就让我们一起来了解一下吧！

一个完善的天然气供气系统通常由矿场集输系统、天然气净化处理系统、干线输气管道系统、城市输配气系统以及储气库系统等几个子系统构成。

·小贴士·

天然气看不见摸不着，在管道运输过程中如果发生泄漏，遇明火可能发生火灾、爆炸等事故，必须千方百计地保障其运输安全。

前两个系统已经在前面介绍过，下面我们再来了解一下干线输气管道系统。它所承担的任务就是把上游油气田生产、处理后的天然气输送到城市燃气门站，或输送给大型工业用户。

城市燃气门站是长输管线气源的接收站，也是向用户输送天然气的首发站。

1 怎样打造一条天然气运输管道

与石油运输管道类似的是,天然气运输管道也需要高强度钢管材料。由于天然气的运输压力更大,对管道钢材的要求也更为严格。近年来,我国在天然气运输管道领域的技术水平不断提高,管道建设主要指标均实现跨越式增长,扩大管径、提升钢级、提高压力成为发展趋势。通过以下几条代表性管道可以看出这样的特点。

陕京一线管道在 1992 年动工时采用了 X60 管线钢,管道直径 660 毫米,设计工作压力 6.4 兆帕,这在当时已经是我国陆上管径最大、技术最为先进的输气管道。

2002 年,西气东输一线管道采用了更高级别的 X70 管线钢,管道直径达到 1 016 毫米,设计工作压力达到 10 兆帕。

2008 年,西气东输二线管道则实现进一步升级,采用 X80 管线钢,管道直径提升至 1 219 毫米,设计工作压力达到 12 兆帕。

输气管道的动力来源

石油运输需要输油站为其提供动力，天然气同样需要这样的"大心脏"。一般来说，在干线输气管道每隔100～200千米处就设有一个压气站，这是干线输气管道的动力来源。一个压气站中往往设有多个压缩机组，负责给管道中的天然气增压。天然气运输效率高不高，很大程度上就取决于压缩机组的性能好不好。

·小贴士·

气体具有显著的可压缩性。天然气压缩机的基本原理就是通过压缩气体体积来增大气体压力。压缩后的天然气可以更加便捷地进行储存和运输。

天然气压缩机是什么样的呢？

干线输气管道上采用的压缩机有往复式压缩机、离心式压缩机两种。前者又叫活塞式压缩机，利用活塞在气缸中的往复运动给气体增压；后者则依靠叶轮高速旋转来实现给气体增压。

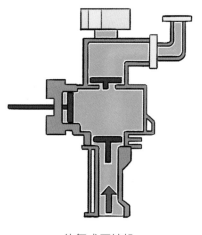

往复式压缩机

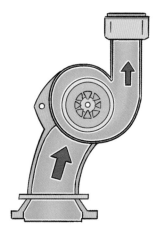

离心式压缩机

输气管道的清理维护

虽然在进入长输管道之前的天然气已经过净化处理，将含水量降到了很低的水平，然而，在运行一段时间之后，随着温度和压力逐渐降低，难免会有一些水分和凝析液从中析出。

这些水分和凝析液经过一段时间的累积，由于地形起伏等原因，会逐渐聚集在管道内的低洼处形成积液。水分的析出还可能导致产生可燃冰。

除了积液外，输气管道里还会有粉尘杂质和其他一些异物。这些污染物既缩小了管道流通面积，降低了输气效率，也加剧了管道腐蚀，进入隆冬季节甚至可能导致管线堵塞。因此，需要对管道内部进行清理。

管道那么长，里面又充满气体，该怎样清理呢？

　　工人们为输气管道独家定制了专门的清理装备——清管器。

　　清管器被放入管道后,能与管道内壁紧密贴合,并借助天然气在管道内的压力差,从压力稍高的一端逐渐向压力稍低的一端移动。在这一过程中,管道里的污水、污物就可以随之排出。

　　清管器一般为碗状结构,从外观上看,像几只摞起来的碗,而材料上,则使用有韧性的橡胶,因此又被称为"皮碗清管器"。

　　现在还有一些智能化的清管器,其功能有了进一步升级,不仅能清理管道,还能检测管道的健康状况,发现隐藏其中的变形、腐蚀等问题。

49

2 绿色能源主干线

了解了天然气管道建设的小知识后，我们再来看看备受瞩目的绿色能源主干线。

我国最为人熟知的干线输气管道，当然就是西气东输管道了！这是我国西部大开发的标志性工程，如今共有 4 条管道线路。历经 20 余年的持续建设和逐步完善，西气东输工程已成为世界上较大的天然气管道系统之一。

首先来看西气东输一线（简称西一线），这是我国首条长距离、大口径、高压力输气管道。它以塔里木油田为主供气源，西起新疆轮台县轮南油气田，东至上海青浦区白鹤镇，沿途横贯 10 个省、自治区、直辖市，于 2004 年全线建成投产。2014 年，西气东输一线荣获"菲迪克工程项目优秀奖"。这是中国石油天然气集团有限公司首次获得该奖项，该奖项也被称为世界工程咨询界的"诺贝尔奖"。

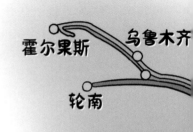

霍尔果斯　乌鲁木齐

轮南

西气东输三线

西气东输管道是一项世界级特大工程！

再来看西气东输二线（简称西二线），这是我国第一条引进境外天然气资源的战略通道，气源来自中亚。管道线路西起新疆霍尔果斯口岸，东达上海，南至广州、香港，辐射范围极为广泛，连接了中亚进口气源和国内的塔里木盆地、准噶尔盆地、吐哈盆地、鄂尔多斯盆地等含油气盆地，辐射"长三角""珠三角"等多个用气市场。

还有西气东输三线（简称西三线），它起于新疆霍尔果斯口岸，终至福建福州，气源地为中亚和我国西部地区。

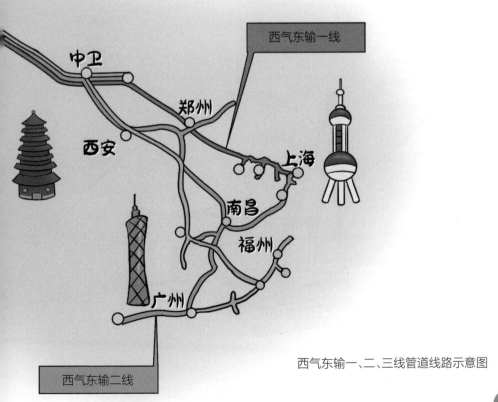

西气东输一、二、三线管道线路示意图

2022年9月28日，西气东输四线（简称西四线）正式开工建设。它起于新疆乌恰县，止于宁夏中卫市，全长约3 340千米。

建成后的西四线将与西二线、西三线联合运行，使西气东输管道系统的年输送能力攀升至千亿立方米，进一步完善我国西北能源战略通道，大幅度提升我国天然气管网系统的运输能力和灵活性。

在施工过程中，西四线工程应用了多项前沿创新成果。全线采用数字射线检测技术，实现检测数据采集自动化、存储数字化；推广大口径管道双连管施工法，大大提高了施工效率；首次大规模应用18米加长管，预计可减少焊口8 000余道。

·小贴士·

来自国家管网的数据显示，截至2022年底，我国西气东输管道系统累计输气量已经超过8 000亿立方米，替代标煤10.7亿吨。目前西气东输管道系统总里程超过2万千米，相当于绕地球赤道约半圈。西四线工程投产后，将进一步提升西气东输管道系统的天然气供应能力。

超级天然气工程——
西四线启动建设

我国还有多条天然气运输主干线,例如著名的陕京天然气管道。它包括陕京一线、二线、三线、四线,总里程 5 584 千米,年设计管输能力 800 亿立方米,供气范围覆盖陕西、内蒙古、山西、河北、北京、天津等省区市,承担着京津冀地区和沿线各省区市的天然气保供任务,是北京天然气最重要的来源。

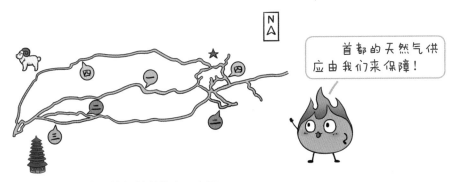

陕京天然气管道线路示意图

再如川气东送天然气管道,全长超 2 000 千米,跨越四川、重庆、湖北、江西、安徽、江苏、浙江、上海 6 省 2 市,气源来自普光气田、涪陵页岩气田、元坝气田等气田,为保障长江经济带居民的生活和工业用气发挥了重要作用。

川气东送天然气管道线路示意图

另外，还有一条刚刚建成的天然气管道，能够实现"北气南下"，这就是中俄东线天然气管道。

2022年12月7日，中俄东线泰安—泰兴段正式建成投产，这标志着我国东部能源通道全面贯通。

我国境内的中俄东线天然气管道北起黑龙江黑河，南至上海，全长5 111千米，是继中亚管道、中缅管道后，向中国供气的第三条跨国境天然气长输管道。来自西伯利亚的清洁能源从小兴安岭入境，经"东三省"、京津冀地区、环渤海地区，南下抵达上海，为我国东部地区高质量发展注入强劲动力。预计到2025年，中俄东线天然气管道最大输气能力可达380亿立方米/年。

中俄东线天然气管道是党中央、国务院决策建设的具有战略意义的重大项目，是采用超大口径、高钢级、高压力，具有世界级水平的能源大动脉。

中俄东线天然气管道线路示意图

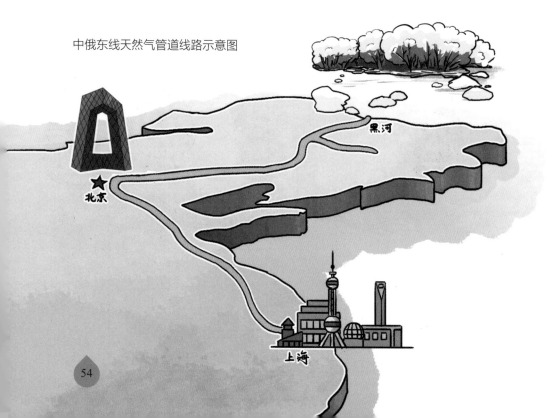

3 织就"全国一张网"

纵横交错的干线输气管道犹如人体的血管，在辽阔的中国大地上构成了"西气东输、北气南下"的供气格局。

有了它们就足够了吗？答案是否定的。虽然主干线搭建起来了，但各大管道系统都是独立的，平日里都是一派"各自为政"的局面。如果哪座城市遇到了资源紧缺的情况，想要从富余地区调取资源，基本难以实现。这可怎么办呢？

要想真正搭建起强大可靠且灵活高效的管道系统，最大限度地发挥出管道运输的优势，就必须打破"画地为牢"的局面，通过建设主干线之间、相邻省区市之间的联络管道，将一条条相对独立的管道变成一个网络，实现管道之间互通互联，打造"全国一张网"。

天然气联络管道

多年来,我国建设了多条天然气联络管道,例如冀宁天然气管道,它是西气东输主干线与陕京二线的联络线,于2005年全线贯通;再如中卫—贵阳天然气管道(简称中贵线),连接起西气东输系统、川渝管网以及中缅天然气管道等管道系统,于2012年开始试运行。

国家石油天然气管网集团有限公司(简称国家管网集团)于2019年成立后,承担起了"全国一张网"的主要建设工作,逐步接管了原分属于中石油、中石化、中海油三家石油公司的相关油气管道基础设施,开始对全国主要油气管道基础设施进行统一的调配、运营和管理,并相继建设了多条互联互通的管道工程。

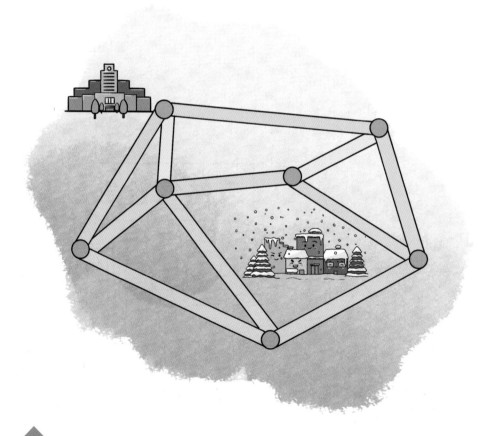

例如,青宁天然气管道与西气东输联通工程于 2022 年 5 月建成投产,南起青宁天然气管道南京末站,北至西气东输一线青山站,联通管线全长 900 米,年设计输气能力 120 亿立方米。

·小贴士·

青宁天然气管道途经山东和江苏,管线全长 530 多千米,起点为中石化青岛 LNG 接收站,终点为川气东送管道南京输气站。

这项联通工程的建成实现了我国天然气东西主干管网和南北供应要道的全面联通,青宁线、川气东送、西气东输一线之间因此能够进行相互转供,极大增强了我国环渤海和"长三角"两大经济区天然气资源的互保互供能力,也能充分发挥管网优势,更加灵活地进行天然气资源调配。

天然气管道联通工程也很重要呢!

以后我们之间就能资源共享了!

又如,古浪—河口天然气联络管道工程(简称古河线)是西气东输管道系统与涩宁兰管道系统的联络管道,起点为西气东输二线、三线古浪压气站,终点为涩宁兰管道系统河口站,线路全长188.4千米,于2022年7月全面开工建设,年设计输气能力50亿立方米。

·小贴士·

涩宁兰管道系统起自涩北压气首站,主要从涩北气田接收天然气,增压后向下游管网输送,线路全长近1 000千米,途经青海、甘肃两省,是目前世界上海拔最高的长距离输气管道。

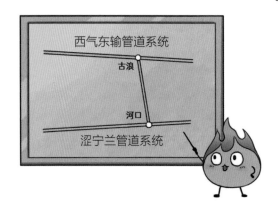

该项目有助于统筹解决甘肃、青海两省供气平衡问题,提高天然气调配供应的灵活性,并为沿线地区的能源供应、经济发展和环境改善提供强有力的保障。

古浪—河口天然气联络管道工程施工现场

管网设施公平开放

打造"全国一张网",不仅要依靠"硬件"上的管道建设,还要依靠"软件"上的体制机制改革:推进天然气管网设施公平开放,为有需求的用户提供运输服务。

以往,天然气管道主要由各家石油公司自建自用;现在,我国主干天然气管道正在向更多的市场主体开放。企业不论出身,包括城镇燃气经营企业、炼化企业、发电企业等在内,只要具备油气生产和贸易相关资质,且有运输需求的,都可提交申请,通过公开竞争,实现"买票上车",用上天然气管网设施。

这样一来,天然气管网领域就实现了类似于"共享经济"的运营模式。一方面,对于申请的企业来说,可以拓展销售渠道,降低运输成本,实现利润最大化;另一方面,通过全网统一调度,有助于推动天然气资源供应及销售方式的多元化,并提升管网基础设施的综合利用率。

国家能源局综合司关于加强天然气管网设施公平开放相关信息公开工作的通知

天然气枢纽站

想要灵活调配天然气,除了铺设更多管道之外,还离不开另一个重要的基础设施——天然气枢纽站。

如同公交车枢纽站一般,天然气枢纽站是几条天然气管线"碰面"的地方,多条输气支干线在此交会,各管线间可以相互分输转供,对气源进行灵活调配。

位于宁夏中卫市的中卫压气站是亚洲最大的天然气枢纽场站,占地面积约 17 万平方米,相当于 24 个标准足球场那么大,西气东输一、二、三线,中贵线,西气东输二线中靖联络线和西气东输三线中靖联络线等多条输气支干线在此交会,成为联通我国东、西、南、北向输气管道的大枢纽。从中卫压气站输送出的天然气东至上海,北到北京,南达香港,覆盖全国 160 多个城市。

"亚洲天然气开关"——
中卫压气站

中卫压气站

我国于 2020 年提出"二氧化碳排放力争于 2030 年前达到峰值，努力争取 2060 年前实现碳中和"。为了实现"双碳"目标，清洁高效的天然气越来越受到人们的欢迎，而这也势必会推动天然气管道基础设施需求的增长。

据《中国能源报》报道，截至 2022 年底，我国长输油气管网总里程达 18 万千米，其中天然气管道里程达 12 万千米。

来自《中国能源大数据报告（2023）》的数据显示，2022 年，我国新建成长输油气管道总里程约 4 668 千米。相较于原油、成品油管道建设里程大幅放缓的趋势，天然气管道建设里程稳步增长，新建成里程约 3 867 千米，较 2021 年增加 741 千米。

我国正逐渐形成横跨东西、纵贯南北、覆盖全国、调度灵活的天然气输配体系。随着投入力度的加大，未来我国天然气管网设施还将不断完善。

· 小贴士 ·

"双碳"，即"碳达峰"与"碳中和"的简称。"碳达峰"是指二氧化碳排放量在某一个时间点达到最大值之后逐步下降。"碳中和"则是指二氧化碳净零排放，即人类活动排放的二氧化碳量与二氧化碳的吸收量在一定时期内达到平衡。我国正在积极推动"双碳"目标的实现，为全球气候问题治理贡献中国力量。

了解了长距离天然气运输管道后，接下来，我们就要跟随天然气的脚步继续往前进了！

天然气在宽敞的"大动脉"里一路飞驰，直到抵达城市燃气门站，这些"长途旅行者"才能得以暂歇脚步。

城市燃气门站是城市燃气输配系统的入口，犹如一道城门，接收远道而来的天然气，并对它们进行计量、净化、调压、贮存、加臭等一系列操作，然后将天然气分配给下游工商业用户或居民用户。

通过这些管道，我们就能来到人们身边了！

城市燃气门站

天然气本身是无色无味的气体,如果泄漏到空气中积累到一定浓度,遇明火即发生爆炸事故,因此为了便于发现气体泄漏,保障安全运输和安全使用,需要往天然气中加入特殊的臭味剂,使其易于被人们察觉。

城市燃气管道包括配气干线、居民室内管线和供工业企业使用的燃气管道。当天然气从较高压力等级的管道进入较低压力等级的管道之前需要进行调压,因此在管网之间需要设置调压室,降低燃气压力。

·小贴士·

如果你在厨房嗅到了类似臭鸡蛋的味道,一定要打开门窗通风透气,并走到室外开阔处,致电专业维修人员上门检修燃气设备。

城市

厨房

在一些用气量比较少，且距配气站比较远的地区，辛苦铺设一条天然气管道并不划算。这时候，则可以使用 CNG 运输车实现灵活配送。这在一些用气需求比较分散的城市远郊、山区城镇十分适用。

使用 CNG 运输车供气总体来看主要包括三个环节：首先是充气环节，管道天然气经过过滤、计量后进入 CNG 加气站，利用压缩机将天然气加压至 20～25 兆帕，充入高压储气瓶中；其次是运输环节，由 CNG 运输车将压缩天然气运送至各地区；最后是减压卸气环节，到达目的地之后需要进行减压卸气，将压缩天然气降低到配气管网需要的压力水平，随后注入配气管网中，最终抵达各类用户。

五

能源粮仓

——形式多样的储油库、储气库

进入初夏时节，北方冬小麦就到了丰收季，经过打麦、晾晒之后，一袋袋颗粒饱满的小麦就要被收入粮仓了。与粮食类似，石油和天然气也有自己的"大仓库"。

如果说一条条绵延上千千米的长距离输油、输气管道是奔腾不息的"江河"，那么，油气储运装置就是储存和吞吐油气资源的"湖泊"。

来自国家统计局的权威数据显示，2022 年，我国原油年产量已达20 467 万吨，进口量为 50 828 万吨；天然气年产量为 2 178 亿立方米，进口量为 10 925 万吨。

面对如此庞大的油气储运压力，加快建设和完善油气储备设施，对于保障油气资源稳定供应来说有着重要的作用。

接下来，我们就分别来了解一下储油库和储气库吧！

多种多样的储油库

储油库的分类

从功能上分

从功能上划分,储油库可以分为四大类:

油田原油库

这种原油库位于油田,其功能就是保障原油的生产和向外运输。

企业自备油库

对于一家炼油厂来说,油库同样是不可或缺的重要设施,用于接收和储存上游发来的原油,并对炼制完成的成品油进行储存和发放。机场、港口、发电厂等石油消耗量大的企业也有自备的油库,以供自身生产使用。

分配销售油库

除了供应大型企业之外,还有一些成品油用于保障市场消费需求,归属油料销售公司,直接面向消费市场。

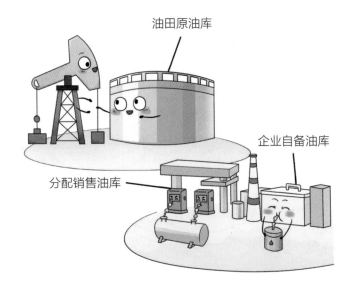

油田原油库

企业自备油库

分配销售油库

国家石油储备库

国家石油储备库区别于以上商业油库，是由国家投资建设、用于长期储存原油的大型油库，其存储容量大，周转频率低，且在布局、选址等方面都更为严格。

普通的商业油库主要是为了满足企业自身的生产经营需要以及广大民众的消费需要，而国家石油储备库则承担着一些特殊任务。如果出现油价剧烈波动，或自然灾害、地区冲突等突发情况，国家石油储备库就要化身为一支"应急部队"，保障能源安全，稳定石油市场。

石油是一种具备战略意义的宝贵资源，如今越来越多的国家已经意识到建设国家石油储备库的重要性。"有备"才能"无患"，2020 年，我国发布了《新时代的中国能源发展》白皮书，白皮书上的公开数据显示，我国能源储备体系不断完善，已建成 9 个国家石油储备基地。

这就是国家石油储备库！

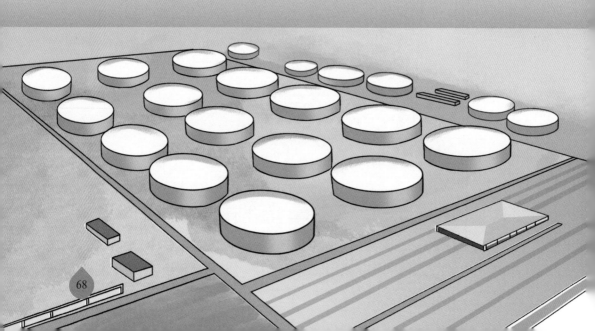

从储存方式上分

按照石油的储存方式,可以将储油库分为以下类型:

地面油库

地面油库是将储油罐及其他设施设置在地面上的油库。这是最常见的油库,投资少,建设快,易于管理维护,世界上大多数商业油库采用这种储存方式。

一座大型的地面油库往往由多个容量从几万吨到十几万吨不等的巨型储油罐按一定距离排列组成。如果从高空俯瞰,我们能清晰地看到一个个储油罐均匀地分布在一片平坦开阔的土地上。但如果站在地面油库现场,我们看到的则是另一番景象:每一个储油罐都是一个真正的"大家伙",犹如钢铁巨人一般,令仰望它的人感受到迎面而来的压迫感。

地面油库是常见的储油库,还有一些"藏"起来的储油库,它们是隐蔽油库、山洞油库、水封洞油库、水下油库。

隐蔽油库

隐蔽油库具有较强的隐蔽性,从储油库上方或外部看,难以直接发现储油库的所在位置。在建设这类储油库时,需要将储油设施埋于地下或半地下,并在上方覆盖匹配周边环境的泥土作为伪装。

山洞油库

山洞油库是将储油设施建在山洞之中的油库。

采用隐蔽油库和山洞油库这两种储油方式时,油品很少受到大气温度变化的影响,因此蒸发损耗量较少,且这两种储油方式具有一定的隐蔽性和防护能力,安全性能较高,多用于国家石油储备库和军用油库。但其缺点是投资大、建设难度高,因此商业油库一般不采用这两种储油方式。

听说下面有储油库,但是怎么看不到呢?

水封洞油库

水封洞油库是利用稳定的地下水位和岩体来储存油品的方式。它利用"水封"作用，形成一层"保护膜"，将石油封存在由岩壁和裂隙水组成的空间里。由于石油储存在距离地面一定深度的岩体中，因此具备较强的防护能力，且不占用地面空间，火灾风险也很低。国家石油储备库适合采用这种储存方式，例如，我国在建设黄岛国家石油储备基地时，就选用了水封洞油库的储存方案。

水下油库

水下油库是一种将储油罐安装在水下的储油方式，主要应用于海洋油田。随着石油开发由陆地走向海洋，从近海走向深远海，石油储存也由陆地发展到海洋。水下油库就是为适应海上油田的开发才应运而生的。从海底开采出的石油可以暂时储存在水下油库的储油罐中，然后统一运输回陆地。将储油罐置于水下的突出优点是能够避开海上风浪的冲击，避免受到海上恶劣天气的影响。

石油竟然还能储存在地下水封洞里！

储油罐的分类

了解了以上储油库的类型后,我们再来看看储存石油的基本单元——储油罐是什么样的。

储油罐可以按照结构来分类,常见的大型储油罐有拱顶式储油罐和浮顶式储油罐,此外还有容量比较小的卧式储油罐。

"稳重"的拱顶式储油罐

拱顶式储油罐,正如它的名字那样,从外观上看,有一个非常巨大的、显眼的球形拱顶。除此之外,还有共同构成储油罐的底板和罐壁。拱顶式储油罐整体上由一块块钢板焊接而成,在拱顶和罐壁之间使用特制的包边角钢连接。

为了便于收发油品和保养维护,拱顶式储油罐还设置了一系列不可或缺的附属装置:

- 进出油结合管——用于收发油品;
- 扶梯——供操作人员到罐顶取样、巡检;
- 量油孔——设置在罐顶,供操作人员量油、采样时使用;
- 人孔——供操作人员进入储油罐,对储油罐进行清洗、维护;
- 脱水管——安装在罐底,用于排放罐底水分;
- 呼吸阀——安装于罐顶的通气通风装置,用于维持罐内外气压平衡。

奇妙的浮顶式储油罐

以往，在人们的印象中，储存石油这类危险品的装置一定要安如磐石才好，否则就会不安全，但只要看到浮顶式储油罐，这样的想法就会被改变了！

与拱顶式储油罐的顶盖是固定的不同，浮顶式储油罐的顶盖可以上下浮动，"贴浮"在油面上，随着储油罐内油位的升降而升降。在尚未装满石油的时候，从高空看去，浮顶式储油罐犹如一个空空的杯子。

这是怎么做到的呢？原来，这样的浮顶是由浮盘和密封装置组成的，密封装置富有弹性，安装在浮盘与罐壁之间的环形空间中，这样浮顶就可以随油面浮动了。

此外，在储油罐的顶部还设有抗风圈、静电引出线、中央排水管等附属装置，以保障储油罐的安全。

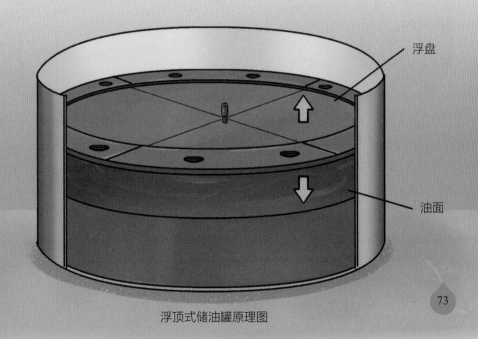

浮顶式储油罐原理图

浮顶式储油罐有诸多优点,首先就是存储容量大,目前普遍应用的浮顶式储油罐容积能达到 10 万立方米。仅一个浮顶式储油罐的占地面积就超过 5 000 平方米,高度约 20 米。随着技术的进步,人们还可以建造更大容量的浮顶式储油罐。

相较而言,拱顶式储油罐由于自身结构的限制,需要修建一个巨大的拱顶盖,难度大、耗材多,因此不适用于如此大的存储容量。

此外,浮顶式储油罐由于浮盘和油面之间几乎没有气体空间,因此可以大幅降低油品的蒸发损耗量,既有利于保障油品质量,又能降低火灾、爆炸等事故发生的可能性。基于这些优点,浮顶式储油罐如今被石油企业广泛应用。

浮顶式储油罐实拍图

看!这些圆柱形的大罐子顶部的盖子看起来平平的,它们就是浮顶式储油罐。

灵巧的卧式储油罐

卧式储油罐的容量很小,从几立方米到几百立方米不等,可以批量生产制造,而后运往工地安装,其优点是灵活便捷,是一种机动性很强的石油储存方式。

卧式储油罐能够用于储存多种多样的油品,包括汽油、柴油、液化石油气等,可灵活应用于石油石化工业体系中的各个环节,在油田、炼化厂被广泛应用,小型分配油库和加油站也离不开它。卧式储油罐配有进出油管、排污排水管、量油孔、呼吸阀等附属装置,可谓"麻雀虽小,五脏俱全"。

卧式储油罐实拍图

2 天然气的储存方式有哪些

储存天然气也可以使用由钢板制成的储气罐,常见的有球形储气罐和圆筒形储气罐,一个大型储气罐能容纳上万立方米的压缩天然气。

这就是球形储气罐。

另外,还有容量更大的储存方式,那就是利用地下空间,建造大型地下储气库。如果要比容量,储气罐与地下储气库相比实力可就逊色多了。一座地下储气库的容量以亿立方米计算,我国目前最大的储气库总库容高达107亿立方米。

在我国天然气供应体系中,地下储气库是不可或缺的重要基础设施。它不仅能调节不同季节的用气峰谷差,还能用于战略储备,为国家能源安全提供充足的底气,是衡量一个国家天然气保供能力的重要指标之一,在天然气产业链中发挥着不可或缺的重要作用。

储气库的四种类型

"注得进、存得住、采得出",这是对地下储气库的基本要求。在用气较少的时候,人们可以向储气库中注入天然气,把它们储存起来;在用气高峰期,则从储气库中采气使用。一座座储气库就犹如便捷的"天然气银行",供人们随时取用。

典型的地下储气库主要分为四种类型:

枯竭油气藏储气库

枯竭油气藏储气库是目前储气量最大、最可靠的地下储气库。由于它是利用已经开采枯竭的"退役"油气藏改建而成的,因此具有天然的密封结构,地质条件较好,能够快速形成储备能力。目前,世界上绝大部分储气库是这种类型,我国主流的储气库也是这种类型。

含水层储气库

其基本原理是向密封的盖层下注入高压天然气,将岩层中的水驱到边缘,从而形成储气空间。含水层储气库的储气量较大,仅次于枯竭油气藏储气库,但缺点是建设周期长、难度大、成本高。

盐穴储气库

其基本原理是在人工操作下,使用淡水溶解盐层,从而形成封闭的盐溶洞穴来储存天然气。它的容积较小,但密封性很好。我国在江苏常州建设的金坛储气库是中国乃至亚洲第一座盐穴储气库,设计库容为 26 亿立方米,工作气量为 17 亿立方米。

·小贴士·

这些地下储气库就像大型的"充气宝",安全系数很高。建设地下储气库虽然耗时耗力,但可以大大节省钢材消耗和占地面积。相较而言,地上储气罐的容量只是"冰山一角"。

废弃矿坑储气库

废弃矿坑储气库是一种利用废弃的符合储气条件的矿坑进行储气的地下储气库。由于符合条件的废弃矿坑非常稀少,因此这种储气方式非常少见。

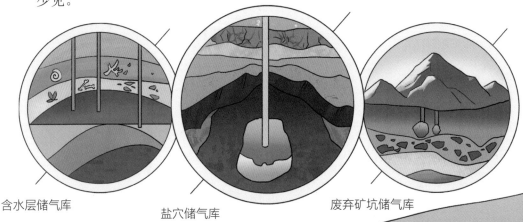

含水层储气库　　　　盐穴储气库　　　　废弃矿坑储气库

3 中国的地下储气库

了解了储气库的基本类型后，我们再来认识两位储气库领域的"重量级人物"。

首屈一指的当属中国第一座地下储气库——大张坨储气库。它属于枯竭油气藏储气库，设计总库容为 69 亿立方米。

大张坨储气库坐落于天津滨海新区，于 2000 年在大港油田建成，拉开了中国建设地下储气库的帷幕。

如今，天津滨海新区已经扩建了大港油田储气库群，包括大张坨、板南、驴驹河等 11 座地下储气库。该储气库群是陕京天然气管道系统的重要配套设施，承担着京津冀地区的天然气保供任务，具备跨季节调峰和应急储备等多重功能。

第二位"重量级人物"是呼图壁储气库，它是我国目前最大的储气库，于2013年建成。该储气库是在新疆油田原呼图壁气田的基础上改建而成的，因此也属于枯竭油气藏储气库。

呼图壁储气库总库容高达107亿立方米，生产库容为45.1亿立方米，是我国库容最大、工作气量最大、调峰能力最强的储气库，也是西气东输管网首个大型配套系统、西气东输二线首座大型储气库，具备跨季节调峰和应急储备双重功能，有利于保障西气东输工程稳定供气以及北疆天然气平稳供应，并进一步促进我国西气东输工程沿线地区的繁荣发展。

如今，面对不断攀升的天然气储气调峰需求，我国各大石油公司仍在继续扩容、扩建储气库。截至2022年底，我国已建成38座地下储气库，工作气量近200亿立方米。这些储气库存储容量大，安全环保且经久耐用，在保障天然气市场安全平稳运行、确保经济社会稳定健康发展等方面，发挥了重要作用。

呼图壁储气库

六

劈波斩浪
——海洋油气资源的储存与运输

油气资源不仅来源于广袤无垠的陆地,还来源于波涛汹涌的大海。

与陆上油田一样,海上油田也需要油气集输系统,这是海洋油气资源开发的重要环节。来源于大海的油气资源要运回陆地,且世界各国需要依靠远洋海运才能获取或出售石油资源。

过去数年间,我国每年的油气增量大部分来自海洋。而放眼全球,超过 70% 的油气资源蕴藏在海洋之中,其中更有 44% 来自深海。伴随着人们勘探开发的足迹不断向大海深处挺进,匹配海洋油气资源开发需要的储运技术、装备正不断升级。

海洋环境不同于陆地,自然条件非常复杂,充满了未知的挑战。海洋石油工人们是怎样克服重重困难,成功实现油气资源的储存与运输的呢?

在海洋油气资源开发初期,受制于技术、装备条件限制,我们的船队还只能在近海徘徊。

针对近海,海洋油气工人们开发出全陆式油气处理系统,即将全部集输设施都设置在陆地上,水下生产系统生产出油气后,通过海底混输管道实现油气上岸,再进行油气计量、分离、储存、外输等操作。这种集输方式经济效益良好,且工程难度较低,适用于距离海岸较近的油田。

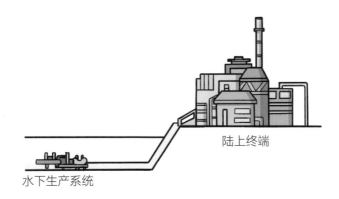

陆上终端

水下生产系统

为了继续向大海深入,人们又开发了半海半陆式油气处理系统,即钻完井及部分石油净化处理操作在海上平台进行,再使用铺设在海底的管道将采集的油气运输至陆上终端,并进一步处理成合格的油气产品。这种集输方式在近海、远海都可以使用。

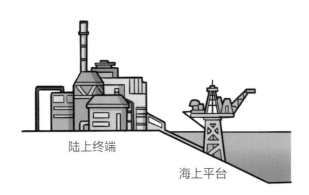

陆上终端

海上平台

1 如何铺设海底石油管道

当人们眺望大海的时候，大概很难想到，在蔚蓝的海水深处还有一条条石油运输管道。

看到这里，一个问题可能已经浮现在你的脑海中：怎样才能在海底铺设一条石油运输管道呢？要知道，海底世界不仅暗流涌动，还有复杂的地形地貌，铺设海底石油管道所面临的挑战比陆地上要多得多，施工难度可想而知。

为了抵抗低温、高压的水下环境以及波浪、洋流对管道造成的冲击和腐蚀，海底石油管道穿的"防护服"可谓十分厚实，不仅有防腐层、泡沫保温层，最外面还有厚厚的混凝土加重层。

·小贴士·

混凝土加重层是海底石油管道的"盔甲"，与建筑用的混凝土材料很像，由水、水泥、砂石和一些改善混凝土性能的外加剂组成。它不仅能减少对管道的损伤，还能给管道提供下沉力，使管道稳稳地待在海底，具有良好的抗压、抗冲击能力以及抗裂能力。

为了减少管道受损，在海底同样需要开挖管沟，将管道掩埋起来。在铺管作业开始前，可以使用管道挖沟工程船将沟槽挖出，随后将管道下放到相应位置。挖沟工程还可以在管道成功就位之后使用水力喷射式挖沟机来实施。其基本原理是向管道两侧下部海床喷出高压水，将海床上的土壤冲开，形成沟槽，再依靠管道的自重沉入沟槽之中。

在陆地上实施铺管作业可以用吊管机等装备，那么在海底呢？海洋石油工人们也有一位强悍的"帮手"——铺管作业船。

它是如何工作的呢？铺管作业船上安装了焊接装备，可以将一节节输油管道焊接起来。在完成防腐层补充和质量检验等工序之后，这些管道就可以跟随铺管作业船上的托管架顺势进入海底管沟中。随着船体缓缓向前移动，管道就能逐渐沉入规划好的位置，完成铺管作业。

2 把深海油气资源带回家

在开发海洋油气资源时,铺设回输管线是运输海洋油气的好方法,但是,如果想在深远海开发油气资源,回输管线的铺设成本必然很高,风险也很大。届时,它们就会限制人们向大海深处行进的步伐。因此,人们必须开发出一套更先进的方案,才能把辛辛苦苦探寻到的深海能源宝藏带回家。

如今,随着全球石油需求的不断增长,世界海洋石油工业技术迅猛发展,蕴藏着无限机遇的深水、超深水领域,再也不是人类难以企及的禁区。人们开始在巨浪翻滚的大海上用钢铁铸就"堡垒",将油气勘探开发、集输处理以及储存与运输全流程集中在海上,形成全海式油气处理系统。而负责海上油气生产、加工、储运的装置就是被称为"海上油气加工厂"的浮式生产储卸油船(FPSO)。

浮式生产储卸油船

FPSO 的基本结构

FPSO 集油气生产、加工、存储、外输等功能于一体，是目前全球海洋油气资源开发的主流生产装置。FPSO 集成化程度高、技术水平高、建造难度大，被誉为海洋工程领域"皇冠上的明珠"，也是当之无愧的"海上巨无霸"。

从结构上看，FPSO 由上部模块、船体、系泊系统三大部分组成。通过海底输油管道，FPSO 可接收海底油井所开采的油气，并由上部模块完成对油气的加工处理。加工处理后的原油和天然气将被储存在船体的舱室中，定期通过管道或穿梭油轮运送回陆地上。系泊系统则负责将漂浮在海面上的 FPSO 固定在海床上，保证 FPSO 的安全稳定。

一图读懂"海上油气加工厂"
—— FPSO 的那些事

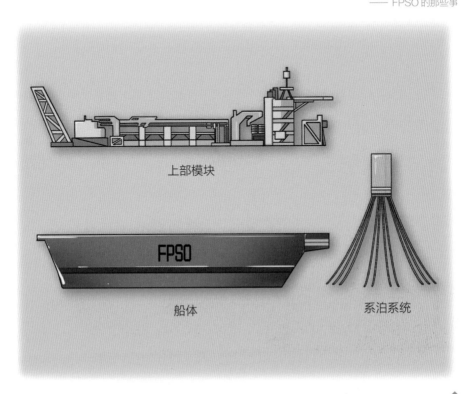

上部模块

船体

系泊系统

近年来,中国海工制造能力飞速提升,已有多家造船公司具备建造FPSO的能力,且超大型FPSO的自主建造和集成能力达到了国际先进水平。

接下来我们就来认识一艘在海洋石油领域知名度很高的FPSO吧!

2023年6月16日,国内首艘智能化FPSO"海洋石油123"完成陆地建造并成功交付。这是一艘10万吨级的装置,全长约241.5米,载重量11.22万吨,甲板面积超过1万平方米,约相当于1.5个标准足球场的大小。

与常规FPSO相比,"海洋石油123"最大的特点是智能化程度高,是目前我国首艘应用了云计算、大数据、物联网、人工智能、边缘计算等数字技术的全新FPSO,投运后可实现数字化生产运营。

我国首艘海陆一体化
智能FPSO——
"海洋石油123"交付

与众不同的油轮

我们生活的地球其实是一个"水球"，海洋面积约占地球总面积的70％。在陆地上，各个国家或地区之间长距离运输石油要依靠管道，而要想跨越各个大洲、大洋之间遥远的距离，则离不开为海上石油运输独家定制的专属工具——油轮。

作为石油消费大国，我国每年都有大量石油资源要依靠油轮从海外进口，因此这种运输工具是十分重要的。那么，油轮有哪些特点呢？

仅从外观观察，就很容易把油轮与其他类型的船舶区别开来。它的甲板非常平整，除了设置在船体尾部的机舱之外，甲板上几乎看不到其他设施，而石油就存放在空间巨大的船体之内。

邮轮

货船

油轮

油轮在运输石油的时候,使用泵和管道系统对油品进行装卸。油轮内部并不是一整个巨大的空洞的空间,而是设有多道纵横舱壁对船体内部空间进行分割,目的是减少运输途中石油液面的晃动,增强油轮的稳定性。

那么,一艘油轮能运输多少石油呢?按照载重吨位不同,大致可以划分为以下五种级别:

• 巴拿马型油轮,载重 6～8 万吨;

• 阿芙拉型油轮,载重 8～12 万吨;

• 苏伊士型油轮,载重 12～16 万吨;

• 超级油轮,载重超 16 万吨;

• 超级巨型油轮,载重超 30 万吨。

目前,世界上最大的油轮"海上巨人号"载重高达 56.4 万吨,全长约458.5 米,体型超过航空母舰。

原来,油轮还有这么多不同的级别!

油轮装卸现场

海上石油贸易要道

前面介绍过,世界各地区之间的石油资源分布非常不均衡。依靠油轮进行石油资源的运输,可以调节区域间的供需矛盾。世界这么大,海洋如此辽阔,在茫茫大海上,油轮要怎样航行呢?

它们有自己特定的航行路线。中东波斯湾地区是当今世界石油产量最高的地区,一艘艘油轮从波斯湾出发,奔赴欧美、亚洲各国,构成了几条热闹的海运航线,它们分别是:

• 波斯湾—好望角—西欧、北美航线;

• 波斯湾—马六甲海峡—日本航线;

• 波斯湾—苏伊士运河—地中海—西欧、北美航线。

为了追求最短航行距离,远洋海运航线会穿越许多海峡或运河,久而久之就形成了几大关键海运通道,包括霍尔木兹海峡、曼德海峡、苏伊士运河、好望角、马六甲海峡等。

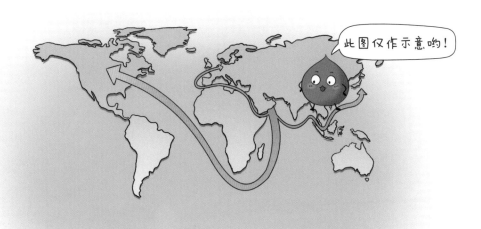

4 液化天然气运输船

在海上运输天然气,使用的则是液化天然气(LNG)运输船。

常见的 LNG 运输船主要有球罐型、薄膜型两种。球罐型运输船的液货舱通常由四五个罐体组成,其上半部分裸露在甲板上。薄膜型运输船看上去和油轮有些相似,其液货舱直接安装于船体内部。

在 −162 ℃的低温条件下,天然气会被液化,天然气的体积将缩小为气态下的 1 / 625 ～ 1 / 600。因此,LNG 运输船具有非常强大的运载能力。

以我国著名的 LNG 运输船"泛亚号"为例,它的总舱容约为 17.4 万立方米,装载的 LNG 气化后将达到约 1.08 亿立方米,按照每户居民每月用气 15 立方米的标准计算,每船可供 60 万户居民使用 1 年。

如今,全球天然气需求正日益增长,在这一背景下,对 LNG 的需求也在进一步扩大。国家能源局发布的《中国天然气发展报告(2023)》显示,2022 年世界天然气贸易量为 12 100 亿立方米,其中 LNG 贸易量为 5 597 亿立方米,同比增长 5.1%,占天然气贸易总量的 46.3%。

但是,LNG 运输船的设计建造难度极大,世界上只有中、美、日、韩等少数国家具备自主建造能力。它最核心、最难建造的部分就是液货舱,需要采用特殊的建造材料和隔热装置。液货舱要能够在 −162 ℃ 的低温条件下储存 LNG,同时要防止船体过冷,保证运输船的正常运输。可以说,LNG 运输船犹如一个超级大冰箱,穿行在波涛汹涌的大海上。

LNG 运输船是如何工作的呢？首先要在低温环境下使天然气液化，随后把液化后的天然气用高压泵打入液货舱内。装满 LNG 的运输船远渡重洋，抵达目的地之后，需要通过卸货泵和管道系统将 LNG 输送到接收站的 LNG 储罐中。这些 LNG 只要再经过一系列气化工序，就可以和其他天然气一样进入天然气输配系统之中，最终走进我们的生产和生活。

看完了上面介绍的各类油气储运方法，我们了解到，人们用于储存和运输石油和天然气的工具可谓丰富多样。它们能适应不同的环境条件，满足不同的储运需求，无论是高原山地还是江河湖海，都阻挡不了油气资源前进的脚步！

"要想富，先修路"，这样简单的几个字道出了交通运输的重要性，而油气储运系统就是一条条让油气资源在不同地区之间奔跑起来的"油气高速路"。

如今，随着我国石油和天然气工业的不断发展壮大，油气资源储运工程建设也不断完善。一张横跨东西、纵贯南北、覆盖全国、连通海内外的油气资源输配大网已经基本成形。

展望全球，日益发达的油气储运系统正携带着一股巨大的能量，点亮我们美丽蓝色星球的每一个地方。